Farmacovigilância
DA TEORIA À PRÁTICA

FUNDAÇÃO EDITORA DA UNESP

Presidente do Conselho Curador
Mário Sérgio Vasconcelos

Diretor-Presidente
José Castilho Marques Neto

Editor-Executivo
Jézio Hernani Bomfim Gutierre

Assessor Editorial
João Luís Ceccantini

Conselho Editorial Acadêmico
Alberto Tsuyoshi Ikeda
Áureo Busetto
Célia Aparecida Ferreira Tolentino
Eda Maria Góes
Elisabete Maniglia
Elisabeth Criscuolo Urbinati
Ildeberto Muniz de Almeida
Maria de Lourdes Ortiz Gandini Baldan
Nilson Ghirardello
Vicente Pleitez

Editores-Assistentes
Anderson Nobara
Jorge Pereira Filho
Leandro Rodrigues

FABIANA ROSSI VARALLO
PATRÍCIA DE CARVALHO MASTROIANNI

Farmacovigilância
DA TEORIA À PRÁTICA

© 2013 Editora UNESP

Direitos de publicação reservados à:
Fundação Editora da UNESP (FEU)

Praça da Sé, 108
01001-900 – São Paulo – SP
Tel.: (0xx11) 3242-7171
Fax: (0xx11) 3242-7172
www.editoraunesp.com.br
www.livrariaunesp.com.br
feu@editora.unesp.br

CIP-BRASIL. CATALOGAÇÃO NA PUBLICAÇÃO
SINDICATO NACIONAL DOS EDITORES DE LIVROS, RJ

R744f

Varallo, Fabiana Rossi
  Farmacovigilância: da teoria à prática / Fabiana Rossi Varallo, Patrícia de Carvalho Mastroianni. São Paulo: Editora Unesp, 2013.

  Recurso digital
  Formato: ePDF
  Requisitos do sistema: Adobe Acrobat Reader
  Modo de acesso: World Wide Web
  ISBN 978-85-393-0415-8 (recurso eletrônico)

  1. Farmacologia. 2. Medicamentos. 3. Livros eletrônicos. I. Mastroianni, Patrícia de Carvalho. II. Título.

13-01613   CDD: 615.1
                                                         CDU: 615

Este livro é publicado pelo projeto *Edição de Textos de Docentes e Pós-Graduados da UNESP* – Pró-Reitoria de Pós-Graduação da UNESP (PROPG) / Fundação Editora da UNESP (FEU)

Editora afiliada:

Asociación de Editoriales Universitarias
de América Latina y el Caribe

Associação Brasileira de
Editoras Universitárias

SUMÁRIO

1 Conceito e contextualização da farmacovigilância no mundo 7
2 Farmacovigilância no Brasil 11
3 Reações Adversas a Medicamentos (RAM) 17
4 Erros de medicação 35
5 Desvios da qualidade de medicamentos (queixas técnicas) 47
6 Suspeitas de inefetividade terapêutica 51
7 Proposta de implementação de um serviço de farmacovigilância 53

Referências bibliográficas 57

1
CONCEITO E CONTEXTUALIZAÇÃO DA FARMACOVIGILÂNCIA NO MUNDO

Os relatos de Reação Adversa a Medicamentos (RAM) existem desde a Antiguidade. Em 2200 a.c., o Código de Hammurabi da Babilônia expunha que, se um médico causasse a morte de um paciente, teria suas mãos amputadas. Hipócrates (460-370 a.c.) já dizia *"Primun non nocere"* ("primeiramente não causar danos"); Galeno (131-201 d.C.) advertia contra os perigos das prescrições mal escritas e obscuras (Rozenfeld, 1998).

No entanto, o primeiro registro de RAM ocorreu em 1848, ano que marca o início institucional da Farmacovigilância. Nessa época, uma garota de 15 anos submetida a uma cirurgia do pododáctilo foi acometida por fibrilação causada pelo anestésico utilizado (clorofórmio). Esta RAM levou a paciente a óbito. Esse fato fez com que a revista britânica *The Lancet* solicitasse aos médicos que notificassem mortes associadas à anestesia (Routledge, 1998).

Contudo, os primeiros esforços internacionais sistemáticos para abordar questões de segurança de medicamentos foram realizados após a tragédia causada pela talidomida, em 1961. Um pediatra alemão observou a relação entre o uso do medicamento no primeiro trimestre de gestação e o nascimento de bebês com má-formação congênita (focomelia). No Brasil, foram registrados trezentos casos de focomelia pela talidomida (Opas, 2005a; Mendes et al., 2008).

A partir de 1969, a Organização Mundial da Saúde (OMS) publicou a Norma 425, a qual conceituava farmacovigilância como "um conjunto de procedimentos de detecção, registro e avaliação das reações adversas para determinação de sua incidência, gravidade e a relação de causalidade entre o uso do medicamento e o aparecimento do efeito adverso". Em 1968, a OMS criou o Programa Piloto de Monitorização de Medicamentos, o qual contava com a participação de dez países que tinham sistema nacional de notificações de reações adversas. Atualmente, o Programa de Segurança dos Medicamentos da Organização Mundial da Saúde é coordenado pelo The Uppsala Monitoring Centre, na Suécia, com a supervisão de um comitê internacional. A principal função desse centro é administrar a base de dados internacional de notificações de RAM recebidas dos centros nacionais, bem como estabelecer e manter um método efetivo para detectar reações adversas não reveladas nos ensaios clínicos.

Com a instituição da Sociedade Europeia de Farmacovigilância (European Society Of Pharmacovigilance – Esop), bem como o surgimento de periódicos médicos específicos para essa área, em 1992 houve a introdução formal da farmacovigilância na pesquisa e no mundo acadêmico (Opas, 2005a). A educação e a capacitação dos profissionais de saúde com respeito à segurança de medicamentos, bem como a conexão de experiências clínicas com pesquisas e políticas de saúde tornaram efetiva a atenção ao paciente e melhoraram a compreensão e o tratamento de reações adversas induzidas por medicamentos, principalmente em hospitais (Opas, 2005a).

Em 2002, ampliou-se o escopo da farmacovigilância, agregando-se a seu conceito a "detecção, avaliação, compreensão e prevenção dos efeitos adversos ou quaisquer problemas relacionados a medicamentos" (OMS, 2002).

2
FARMACOVIGILÂNCIA NO BRASIL

No Brasil, desde a década de 1970, há legislações que abordam questões relacionadas às reações adversas a medicamentos. A Lei n.6.360, de 23 de setembro de 1976, dispõe sobre a vigilância sanitária a que ficam sujeitos os medicamentos, as drogas, os insumos farmacêuticos e correlatos, bem como os cosméticos, os saneantes e outros produtos, e dá outras providências. A Lei n.6.259, de 30 de outubro de 1975, dispõe sobre a organização das ações de Vigilância Epidemiológica, sobre o Programa Nacional de Imunizações e sobre a notificação compulsória de doenças. E os Decretos n.78.231, de 30 de dezembro de 1976, e n.79.094, de 5 de janeiro de 1977, regulamentam, respectivamente, a Lei n.6.259 e dá outras providências e a Lei n.6.360, de 23 de setembro de 1976, que submete ao sistema de vigilância sanitária medicamentos, insumos farmacêuticos, drogas, correlatos, cosméticos, produtos de higiene, saneantes e outros. Entretanto, segundo a Organização Pan-americana de Saúde, essas normativas podem ser consideradas tentativas infrutíferas de desenvolvimento da farmacovigilância no país (Opas, 2002).

As atividades de avaliação da segurança dos medicamentos são recentes no país, tendo sido alavancadas pela Política Nacional de Medicamentos (PNM) (1998), pela fundação da Agência Nacional de Vigilância Sanitária (Anvisa) (1999) e pela inserção do país como membro do Programa de Segurança dos Medicamentos da Organização Mundial da Saúde (2001) (Opas, 2002) (Figura 1). Além disso, a inclusão das disciplinas Atenção Farmacêutica e Farmacovigilância nos currículos pedagógicos dos cursos de saúde brasileiros ocorreu no início do século XXI, de modo que há poucos profissionais capacitados e habilitados para promover a vigilância dos medicamentos (Varallo et al., 2011).

Figura 1 – Fatores que permitiram a implementação efetiva das atividades de farmacovigilância no Brasil.

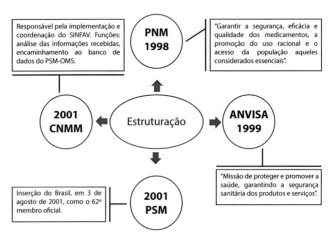

Fonte: Varallo; Mastroianni, 2011.

Em 2001, foi publicada a Portaria do Ministério da Saúde n.696 de 7 de maio de 2001, instituindo o Centro Nacional de Monitorização de Medicamentos (CNMM), que iniciou o Sistema Nacional de Farmacovigilância

FARMACOVIGILÂNCIA 13

(Sinfav) com a implementação da Rede Sentinela (Opas, 2002). Essa rede é composta por hospitais-escolas que monitoram a qualidade e o perfil de segurança de medicamentos e outros artigos médicos utilizados em nível hospitalar, além de promover o uso racional desses produtos. As instituições de saúde foram selecionadas pelo porte, pela relação do número de leitos e pelo número de programas de residência médica. Além da farmacovigilância, são abordados no programa: tecnovigilância, hemovigilância, vigilância de saneantes e infecção hospitalar (Opas, 2002).

Concomitantemente, a Anvisa elaborou e desenvolveu, em parceria com o Centro de Vigilância Sanitária (CVS) e o Conselho Regional de Farmácia de cada estado, o projeto denominado Farmácias Notificadoras. O objetivo delas é ampliar as fontes de notificação de casos suspeitos de efeitos adversos, principalmente dos medicamentos isentos de prescrição (MIP) e dos fitoterápicos, bem como de queixas técnicas a medicamentos no âmbito primário de atenção à saúde, estimulando as farmácias e drogarias a realizarem atividades de promoção à saúde, deixando de ser meramente comerciais (Mendes et al., 2008, Dias, 2008). Com essa nova postura, a farmácia torna-se o elo entre a população e o governo, e os farmacêuticos passam a ser vistos como profissionais de saúde perante a população (Mendes et al., 2008).

Em 2008, foi publicada a portaria conjunta n.92, que dispõe sobre o estabelecimento de mecanismo de articulação entre a Agência Nacional de Vigilância Sanitária, a Secretaria de Vigilância em Saúde e o Instituto Nacional de Controle de Qualidade em Saúde da Fundação Oswaldo Cruz sobre Farmacovigilância de Vacinas e outros Imunobiológicos no âmbito do Sistema Único de Saúde e sobre a definição de suas competências. O objetivo é detectar, avaliar, compreender, prevenir e comunicar eventos adversos pós-imunização ou qualquer outro problema relacionado com a vacina ou a vacinação.

Com a publicação da RDC n.4, de 10 de fevereiro de 2009 (atualizada em 20 de maio de 2010), o governo brasileiro passou a exigir dos detentores de registro de medicamentos as atividades de gerenciamento de risco dos medicamentos comercializados, uma vez que, até então, a análise da segurança desses produtos não era obrigatória para as indústrias farmacêuticas. Os eventos adversos considerados por essa resolução são: suspeitas de reações adversas a medicamentos e inefetividade terapêutica (parcial ou total), eventos adversos por desvios da qualidade e pelo uso não registrado ou não indicado do medicamento (uso *off-label*), interações medicamentosas, intoxicações relacionadas a medicamentos, uso abusivo de medicamentos e erros (potenciais e/ou reais) de medicação. As principais ações de farmacovigilância preconizadas são: implementação de procedimentos que permitam a detecção de sinais, para correlacionar se um efeito suspeito pode ser um evento adverso de um dado medicamento, análise da causalidade e da gravidade dos eventos adversos, elaboração de planos de minimização de riscos e relatórios periódicos de farmacovigilância. De acordo com essa resolução, estão previstas inspeções periódicas pela Anvisa, que serão baseadas na análise dos relatórios elaborados pelas companhias, nas visitas presenciais e no cumprimento das exigências legais.

Para que as atividades requeridas por essa normativa sejam exequíveis e com o intuito de orientar o setor a realizar a análise da segurança, foi publicada a Instrução Normativa n.14, de 27 de outubro de 2009, que aprova quatro guias de farmacovigilância: I – Boas Práticas de Inspeção em Farmacovigilância para Detentores de Registro de Medicamentos; II – Relatório Periódico de Farmacovigilância; III – Plano de Farmacovigilância e Plano de

FARMACOVIGILÂNCIA 15

Minimização de Risco; e IV – Glossário da Resolução RDC n.4, de 10 de fevereiro de 2009. Assim, fornece-se o suporte necessário para que as empresas desenvolvam os estudos clínicos de fase IV (vigilância de produtos pós-comercialização) e forneçam medicamentos seguros, eficientes e com qualidade no mercado farmacêutico.

A RDC n.2, de 25 de janeiro de 2010, dispõe sobre o gerenciamento de tecnologias em saúde em estabelecimentos de saúde, cujo objetivo é estabelecer os critérios mínimos para o gerenciamento de tecnologias em saúde utilizadas na prestação de serviços de saúde, de modo a garantir a sua rastreabilidade, qualidade, eficácia, efetividade e segurança. A RDC n.7, de 27 de fevereiro de 2010, dispõe sobre os requisitos mínimos para funcionamento de Unidades de Terapia Intensiva e dá outras providências, visa estabelecer padrões mínimos para o funcionamento das Unidades de Terapia Intensiva, buscando a redução de riscos a pacientes, visitantes, profissionais e meio ambiente. Uma das diretrizes preconizadas por ambas as legislações para o gerenciamento de risco é a necessidade de educação continuada dos profissionais envolvidos na atividade de monitoramento. Intervenções educativas devem ser adotadas como estratégias pelas instituições de saúde para capacitar, habilitar e motivar os funcionários a desempenharem as atividades de avaliação da segurança dos medicamentos e, por conseguinte, contribuir para o uso racional de medicamentos.

3
REAÇÕES ADVERSAS A MEDICAMENTOS (RAM)

Segundo a Organização Mundial da Saúde (OMS, 1972), as Reações Adversas a Medicamentos (RAM) são definidas como qualquer evento nocivo e não intencional que ocorreu na vigência do uso de medicamento, em doses normalmente usadas em humanos, com finalidades terapêutica, profilática ou diagnóstica. Portanto, não se incluem entre as RAM as *overdoses* (acidentais ou intencionais) e a ineficácia do medicamento para o tratamento proposto.

O conceito de RAM está inserido no contexto dos eventos adversos, isto é, quaisquer ocorrências médicas desfavoráveis que podem acontecer durante o tratamento com um medicamento, mas que não possui, necessariamente, relação causal com esse tratamento (Opas, 2005a). Os eventos adversos a medicamentos podem ser ocasionados por erros de medicação, desvio da qualidade de medicamentos ou queixas técnicas, RAM e inefetividade terapêutica. São considerados um importante problema de saúde pública, uma vez que podem ser causas frequentes de enfermidades, incapacidades e mortalidade (OMS, 2004). Além disso, por mimetizarem outras patologias, dificultam o diagnóstico e atrasam o tratamento

(Pirmohamed et al., 1998), reduzindo a qualidade de vida dos pacientes (Beijer; Blaey, 2002; Patel et al., 2007) e a confiança destes em seus médicos.

As RAM podem ser classificadas de acordo com o mecanismo de produção dos efeitos adversos; segundo a gravidade, a frequência pela qual é produzida e em função do grau de imputabilidade, ou seja, do nexo de causalidade.

Classificação quanto ao mecanismo de ação

Há várias classificações de RAM de acordo com o mecanismo pelos quais são produzidas. No entanto, uma das mais aceitas tem sido a proposta por Rawlins e Thompson (1977). Segundo esses autores, as reações adversas produzidas por medicamentos poderiam subdividir-se em dois grandes grupos, A e B.

As RAM do tipo A são referidas como efeitos tóxicos ou secundários, os quais podem ser explicados pelo mecanismo de ação dos fármacos (Munir et al., 1998). Os efeitos adversos podem ser extensão do mesmo mecanismo de ação responsável pelos efeitos terapêuticos ou também decorrentes de outros mecanismos não relacionados ao alvo da farmacoterapia (Oates, 2006).

Segundo Pirmohamed et al. (1998), os fatores que predispõem à RAM do tipo A são: dose, variação na formulação, alterações farmacocinéticas e/ou farmacodinâmicas.

Incluem-se na categoria de RAM do tipo B as reações de intolerância ao fármaco, de hipersensibilidade ou idiossincráticas (Munir et al., 1998). Embora raras, essas RAM podem causar sérias morbidades e, em alguns casos, o óbito. As causas que estão relacionadas ao desenvolvimento das reações do tipo B são: farmacêuticas, farmacocinéticas e farmacodinâmicas.

Classificação quanto à frequência de ocorrência

Em relação à frequência, as RAM são classificadas em: muito comum, comum (frequente), incomum (infrequente), rara e muito rara, como demonstrado a seguir.

Tabela 1 – Classificação das RAM quanto à frequência de ocorrência, segundo a Organização Mundial da Saúde

Classificação	Frequência
Muito comum	$\geq 1/10$ ($\geq 10\%$)
Comum	$\geq 1/100$ e $<1/10$ ($\geq 1,0\%$ e $< 10\%$)
Incomum	$\geq 1/1000$ e $<1/100$ ($\geq 0,1\%$ e $< 1,0\%$)
Rara	$\geq 1/10,000$ e $<1/1000$ ($\geq 0,01\%$ e $< 0,1\%$)
Muito rara	$< 1/10,000$ ($< 0,01\%$)

Fonte: Meyboom et al., 1999a.

Classificação quanto à gravidade

Segundo a Organização Mundial da Saúde, RAM grave é um efeito nocivo que ocorre durante tratamento medicamentoso e pode resultar em morte, ameaça à vida, ou seja, risco de morte no momento da ocorrência da reação, incapacidade persistente ou significante, anomalia congênita, efeito clinicamente importante (requer intervenção para prevenção dos desfechos adversos, hospitalização ou prolongamento de hospitalização já existente). RAM não graves são aquelas que não contemplam a definição anterior.

Classificação quanto à causalidade de RAM

A análise de causalidade ou do grau de imputabilidade de RAM é o último propósito da farmacovigilância, haja vista que é um importante componente para auxiliar as agências de vigilância sanitária a fiscalizarem e regulamentarem o mercado farmacêutico. Isso porque é uma atividade que contribui para a avaliação do risco/benefício da utilização dos medicamentos (Macedo et al., 2005), a qual poderá implicar futuras recomendações relacionadas aos fármacos que estão sujeitos à vigilância pós-comercialização (Nunes, 2000) – sobretudo os considerados novos, ou seja, com menos de cinco anos de obtenção de registro. Os resultados dessas ações podem ser: alterações ou inclusões de informações na bula do medicamento, tais como precauções, contraindicações, efeitos indesejáveis (como, por exemplo, a inserção dos efeitos negativos no aparelho cardiovascular do etericoxib nas dosagens de 60 e 90 mg), a restrição de sua utilização em níveis terciários de atenção à saúde (como é o caso do valdecoxib) e, até mesmo, a retirada do medicamento do comércio (por exemplo, o rimonabanto, em 2008).

Conceitualmente, a classificação da RAM de acordo com as categorias de causalidade tem como objetivo analisar a probabilidade de um determinado fármaco suspeito ser a causa de um efeito adverso observado (OMS, 2010). A relação causal pode ser atribuída a um medicamento ou a vários outros, nos casos de usuários polimedicados, como ocorre nas interações medicamentosas (Nunes, 2000). Além disso, pode estar relacionada com a classificação quanto ao mecanismo pelo qual a reação é produzida, ou seja, tipo A (quando o efeito adverso é uma consequência direta da utilização do medicamento), e tipo B (que são as RAM idiossincráticas e dependem da pré-disposição dos usuários em desenvolvê-las).

Para avaliar a probabilidade individual entre o tratamento medicamentoso e a ocorrência de um determinado efeito adverso, numerosos métodos de causalidade têm sido propostos (Arimone et al., 2007). Estes métodos podem ser classificados em três categorias: julgamento clínico de especialistas, métodos probabilísticos e os algoritmos de decisão (Meyboom et al., 1997; Stephens, 1987).

Análise da causalidade por julgamento clínico de especialistas

Nesse método, um especialista (geralmente o médico do próprio paciente ou um farmacologista clínico) (Hoskins et al., 1992) realiza avaliação clínica do paciente e, geralmente, pelo método de exclusão (quando os exames não condizem ou não corroboram com nenhuma patologia) dá-se o diagnóstico de RAM. Assim, há subjetividade da análise e, portanto, baixa taxa de acordo entre os profissionais, limitando a análise de causalidade.

Análise da causalidade por métodos probabilísticos

A maioria dos métodos probabilísticos é derivada do Teorema Baysiano, sendo considerados os mais rigorosos para a análise de causalidade (Arimone, 2007), pois avaliam rapidamente a probabilidade da relação causal entre uma evento adverso observado no paciente e o uso do medicamento. Trata-se de uma análise utilizada em base de dados que contenham elevado número de informações, com o intuito de detectar problemas relacionados a medicamentos. Este método é desenvolvido por meio de cálculos matemáticos avançados que são realizados computacionalmente nas bases de dados para estimar a probabilidade de RAM. Por este motivo, seu uso é

Análise da causalidade por algoritmos de decisão

problemático, pois demanda altos investimentos por parte dos estabelecimentos de saúde, sendo mais utilizados por agências sanitárias e instituições internacionais, como por exemplo a OMS.

Análise da causalidade por algoritmos de decisão

A partir do final da década de 1970, diversos algoritmos de decisão, com diferentes graus de complexidade foram desenvolvidos com o propósito de facilitar e criar uma nova uniformização para a análise de causalidade (detecção de RAM). Tais algoritmos são métodos sistemáticos, em forma de questionário, em que diversos critérios relevantes para avaliação dos efeitos adversos são considerados para a análise. As questões são formuladas com o intuito de determinar a relação temporal entre o efeito e a tomada do medicamento, as causas alternativas que possam elucidar a etiologia do evento, os resultados obtidos mediante a descontinuação do medicamento e sua reintrodução, bem como considera as características clínicas do paciente durante a análise (Nunes, 2000). Esses métodos convertem as respostas encontradas em valores numéricos que, somados, dão a medida da probabilidade de o efeito em análise ter sido causado pelo medicamento suspeito (OMS, 2009).

A maioria dos algoritmos compartilha características básicas comuns, com o intuito de coletar informações adequadas sobre o caso para que esse seja concluído de forma objetiva. Vários deles têm sido publicados para resolver questões de vieses metodológicos, reprodutibilidade e validade na avaliação de causalidade (Doherty, 2009). Portanto, a utilização desses instrumentos é vantajosa, já que possibilitam a padronização de análise

FARMACOVIGILÂNCIA 23

das RAM, pois são instrumentos estruturados especificamente para identificação dos efeitos adversos, devendo, teoricamente, identificar uma decisão mais objetiva da causalidade (Doherty, 2009).

A análise do grau de imputabilidade por meio da utilização dos algoritmos classifica as RAM de acordo com seis categorias (Opas, 2005b):

1) *definida*: evento clínico, podendo incluir anormalidade de exames de laboratório, que ocorra em um espaço de tempo plausível em relação à administração do medicamento e que não pode ser explicado por doenças concomitantes, por outros medicamentos ou por substâncias químicas. A resposta da retirada do medicamento deve ser clinicamente plausível. O evento deve ser farmacológica ou fenomenologicamente definido, utilizando um procedimento de reintrodução satisfatória, se necessário;

2) *provável*: evento clínico, podendo incluir anormalidades de exames laboratoriais, com um tempo de sequência razoável da administração do medicamento, com improbabilidade de ser atribuído a doenças concomitantes, outros medicamentos ou outras substâncias químicas e que apresenta uma razoável resposta clínica após a retirada do medicamento. A informação de reintrodução não é necessária para completar a definição;

3) *possível*: evento clínico, podendo incluir anormalidade de exames de laboratório, com um tempo de sequência razoável da administração do medicamento, mas que poderia também ser explicado por doença concomitante, outros medicamentos ou substâncias químicas. A informação sobre retirada do medicamento pode estar ausente ou não ser claramente reconhecida;

4) *improvável*: evento clínico, podendo incluir anormalidade de exames de laboratório, que apresenta uma relação temporal com a administração de um medicamento que determina uma improvável relação causal e no qual outros medicamentos, substâncias químicas ou doenças subjacentes oferecem explicações plausíveis;

5) *condicional/não classificado*: evento clínico, podendo incluir anormalidade de exames de laboratório, notificado como uma reação adversa e sobre o qual mais dados são essenciais para uma avaliação apropriada ou os dados adicionais estão sob avaliação;

6) *não acessível/não classificado*: notificação sugerindo uma reação adversa que não pode ser julgada, porque a informação é insuficiente ou contraditória e não pode ser verificada ou suplementada.

Entretanto, esses instrumentos apresentam algumas limitações e características próprias, o que dificulta a comparação dos dados dos estudos que os utilizam. Dentre elas, citam-se: atribuição arbitrária de pesos diferentes para cada critério relacionado à avaliação do desenvolvimento de RAM (subjetividade da análise) e a ausência de informações completas sobre as questões que envolvem a retirada e reexposição ao medicamento suspeito, as quais quase sempre não são respondidas, uma vez que tais ações são raras na prática clínica (Doherty, 2009). Além disso, nenhum algoritmo de decisão é capaz de determinar, com certeza, que determinado evento realmente é uma RAM (Gregory et al., 2001), sendo atribuído um grau de probabilidade para os casos.

Desse modo, nenhum algoritmo é considerado padrão ouro para a análise do grau de imputabilidade de RAM, uma vez que há discordâncias entre as análises desses instrumentos. Não obstante, o uso dos algoritmos de decisão pode auxiliar na padronização da detecção dos resultados clínicos negativos à saúde, contribuindo para a avaliação do risco/benefício da utilização de medicamentos e para melhorar a segurança dos pacientes que utilizam tratamentos farmacológicos (Mastroianni; Varallo, 2013).

RAM como causas de internação hospitalar

Estudos internacionais verificaram que as RAM podem estar relacionadas às internações hospitalares e são responsáveis por 0,5% a 32,9% das hospitalizações em instituições de saúde (Dormann et al., 2003; Pirmohamed et al., 2004; Koh et al., 2005; van der Hooft et al., 2006; Patel et al., 2007; Zopf et al., 2008a). Estudo de meta-análise verificou que a prevalência de internações hospitalares relacionadas ao uso de medicamentos varia de 0,1% a 54% (Leendertse et al., 2010). No Brasil, estima-se que 0,56% a 54,5% (Varallo et al., 2011; Noblat et al., 2010; Mastroianni et al., 2009; Pfafenbach et al., 2002) das hospitalizações estão possivelmente relacionadas aos sinais e sintomas de reações adversas a medicamentos, e que, para 43% desses pacientes, haverá risco de desenvolvimento de RAM intra-hospitalar (Camargo et al., 2006).

A variação nas prevalências encontradas nos diferentes estudos pode ser justificada pelas características das populações consideradas para realização das pesquisas, bem como os diferentes métodos utilizados para a análise de causalidade (Hallas et al., 1992; Beijer; Blay, 2002; Zolezzi; Parsotam, 2005), necessitando, portanto, critério para a comparação entre eles.

Medicamentos relacionados com a hospitalização

Tabela 2 – Classes terapêuticas frequentemente associadas à internação hospitalar, segundo estudos conduzidos em hospitais europeus e americanos (n = 8)

Publicação	País	Tipo de estudo	Classes terapêuticas relacionadas com a internação
Moore et al., 1998	França	Prospectivo	Antibióticos (37,1%), analgésicos (29,8%), hipnóticos sedativos (28.8%), antidepressivos (25,8%), diuréticos (18,5%), digitálicos (13,7%), antiarrítmicos (12,2%) e anti-hipertensivos (10,9%).
Beijer & Blay, 2002	Holanda	Meta-análise	Fármacos que atuam no sistema cardiovascular (38 estudos), antiinflamatórios não esteroidais e analgésicos (30 estudos), antidiabéticos (12 estudos), antineoplásicos (8 estudos), diuréticos (20 estudos), anticoagulantes (19 estudos) e corticóides (17 estudos).
Dormann et al., 2003	Alemanha	Prospectivo	Fármacos que atuam no sistema cardiovascular (16,8%), do trato gastrintestinal (16,2%), diuréticos (9,5%), analgésicos/AINEs (6,2%) e do trato respiratório (6,0%).
Bhalla et al., 2003	Inglaterra	Transversal	Fármacos que atuam no sistema cardiovascular [digoxina – (16,0%); diuréticos (22,0%) e inibidores da enzima conversora de angiotensina-IECA – (19,0%)] e no sistema nervoso central [antidepressivos – (20,0%) e paracetamol (15,0%)].
Pirmohamed et al., 2004	Inglaterra	Prospectivo	Os AINEs (29,6%), diuréticos (27,3%), anticoagulantes orais (10,5%), inibidores da ECA (7,7%), antidepressivos (7,1%), β-bloqueadores (6,8%), opióides (6,0%) e digitálicos (2,9%).
Camargo et al., 2006	Brasil	Coorte	Fármacos referentes aos metabolismo (18,9%), anti-infecciosos (18,1%), sistema nervoso (14,4%) e gastrintestinal (13,9%).
Varallo et al., 2009	Brasil	Transversal	Anti-hipertensivos, Inibidores da bomba de prótons, anti-agregantes plaquetários e antipiréticos.
Varallo et al., 2011	Brasil	Transversal	Fármacos que atuam nos sistemas cardiovascular (37,7%) e nervoso central (34,6%) e nos tratos gastrintestinal (10,1%) e respiratório (5,7%)

Fonte: Varallo et al., 2010a.

FARMACOVIGILÂNCIA **27**

Nota-se que os fármacos que atuam no aparelho cardiovascular, digestório e no sistema nervoso central são, geralmente, responsáveis pelo desenvolvimento de RAM, cujas manifestações podem ser o motivo da hospitalização (Varallo et al., 2010a). Desse modo, é necessário capacitar os profissionais de saúde para que adquiram competências e habilidades para a monitorização da segurança dos medicamentos e, por conseguinte, detectar e prevenir resultados clínicos negativos para a saúde dos usuários desses produtos.

Vale ressaltar que alguns medicamentos ou classes de medicamentos são considerados Medicamentos Potencialmente Impróprios (MPI) para utilização em idosos, pois se tratam de fármacos que apresentam elevados riscos de causarem RAM (Fick et al., 2003), por não possuírem evidências suficientes de benefícios e por existirem classes terapêuticas mais efetivas e com menor risco (Passarelli et al., 2005; Fick et al., 2003). Dessa forma, a prescrição desses medicamentos deveria ser evitada ou, se não houver farmacoterapia mais segura, a indicação deveria ser baseada em rigorosa avaliação clínica do paciente, sob protocolos terapêuticos criteriosos, a fim de se evitar agravos à saúde da população idosa (Varallo et al., 2010b).

Conceitualmente, um medicamento é dito impróprio ou inadequado quando o risco de sua utilização supera o benefício (Beers et al.,1991). A classificação dos MPI pode ser realizada por instrumentos que incorporam indicadores explícitos ou implícitos da qualidade da prescrição de medicamentos para idosos (Bongue et al., 2009). Essa classificação pode ser utilizada para auxiliar os profissionais prescritores a indicarem medicamentos mais seguros para os idosos.

Contudo, apesar dos riscos desses medicamentos, estudos demonstram elevada prevalência de prescrições inadequadas nos Estados Unidos, em alguns países da Europa e no Brasil. De um milhão de idosos, cerca de 20% foram expostos a medicamentos impróprios (Pugh et al., 2006). Klotz et al. (2008) observaram que as RAM em pacientes hospitalizados foram mais frequentes nos que haviam utilizado, pelo menos, um fármaco inapropriado.

No Brasil, Monsegui et al. (1999) demonstraram que 17% dos medicamentos utilizados por mulheres idosas que frequentavam a Universidade Aberta da Terceira Idade da Universidade do Estado do Rio de Janeiro eram inadequados. Varallo et al. (2011) verificaram que 30,3% dos idosos que utilizaram pelo menos um MPI antes da hospitalização tiveram a internação relacionada ao desenvolvimento de RAM. Estudo transversal realizado em hospital de alta complexidade estimou que mais de 40% dos idosos hospitalizados na clínica médica haviam utilizado pelo menos um MPI previamente à internação, dos quais aproximadamente 30% foram admitidos na enfermaria por possível RAM (Varallo et al., 2010b).

Desse modo, conclui-se que é necessária a divulgação dessas listas em todos os estabelecimentos de atenção à saúde, desde o nível primário (farmácias e drogarias) até o quaternário (hospitais de alta complexidade), para que os profissionais prescritores tenham material de apoio que auxilie a seleção e a indicação de medicamentos para a população idosa, a fim de garantir a segurança do paciente e o uso correto do medicamento.

Manifestações clínicas da RAM (resultados clínicos à saúde do paciente)

As reações adversas mais comumente associadas com as internações hospitalares podem se apresentar de

FARMACOVIGILÂNCIA 29

Tabela 3 – Manifestações clínicas das RAM frequentemente relacionadas com a internação hospitalar

Publicação	País	Tipo de estudo	Manifestações clínicas das RAM
Fattinger et al., 1999	Suécia	Coorte	Desordens do sistema gastrintestinal (náusea, vômito, sangramento gastrintestinal), hematológico (leucopenia, agranulocitose, anemia, pancitopenia, trombocitopenia, eosinofilia), pele e apêndices (rash, prurido, reações de hipersensibilidade, púrpura, hematomas), sistema nervoso (discrasias, tremor, confusão, sonolência, discinesia, neuropatia periférica) e cardiovascular (bradicardia, fibrilação atrial, arritmias, hipotensão, síncope).
Lagnaoui et al., 2000	França	Coorte	Desordens neurológicas (confusão, tontura, alucinações), reações cutâneas (rash, prurido), desordens gastrintestinais (diarreia, náusea), reações hepáticas, anafilaxia, febre e hipotensão.
Green et al. (2000)	Inglaterra	Transversal	Desordens cardiovasculares, respiratórias, gastrintestinais, sanguíneas, do sistema nervoso, diversas e do músculo esquelético.
van der Hooft et al. (2006)	Holanda	Transversal	Sangramento gastrintestinal, hemorragia não específica, hemorragia intracerebral, hipocalemia, febre e agranulocitose.
Pourseyed et al. (2009)	Irã	Prospectivo	Desordens do trato gastrintestinal (44,3%), desordens psiquiátricas (11,4%), desordens da pele e apêndices (11,4%), bem como desordens cardiovasculares (8,6%).
Mastroianni et al. (2009)	Brasil	Transversal	Complicações do trato gastrointestinal (14,6%), broncoespamos (7,2%), alteração da pressão arterial (5,9%), diabetes medicamentosa (4,3%) e tontura (4,3%).
Varallo et al., (2010b)	Brasil	Transversal	Desordens do aparelho digestório (23,0%); sintomas, sinais e achados anormais de exames clínicos e laboratoriais (20,2%); do aparelho respiratório (20,2%); aparelho circulatório (14,6%); endócrino, nutricional e metabólico (6,2%).

Fonte: Varallo et al., 2010a.

maneiras distintas, afetando diferentes sistemas e mimetizando patologias (Pirmohamed; Park, 2003).

Como demonstrado na tabela 3, é possível observar que os resultados clínicos negativos das RAM são inespecíficos, pois acometem diversos órgãos e sistemas. Tal fato dificulta a detecção desses problemas pelos profissionais de saúde, contribuindo para a subnotificação dos casos, para a redução da qualidade de vida do paciente (Beijer; Blay, 2002) e, também, para aumentar os gastos das instituições de saúde, que irão tratar esses efeitos como sinais e sintomas de patologias e não como efeitos indesejáveis do tratamento farmacológico (Varallo et al., 2010b).

Resultados negativos relacionados às RAM

Além de diminuírem a qualidade de vida do paciente, as RAM podem levar ao óbito. Meta-análise de 39 estudos prospectivos em hospitais dos Estados Unidos analisou a incidência de RAM em pacientes hospitalizados, revelando que essas podem ser da quarta à sexta causa contributória de morte, e que as RAM letais ocorreram em 0,32% dos casos (Lazarou et al., 1998).

Juntti-Patinen e Neurovenen (2002) realizaram estudo prospectivo durante seis meses na Finlândia para observar a incidência de RAM letais em um hospital de ensino e concluíram que os problemas relacionados a medicamentos foram significante causa de morte, pois, em 5% de todos os óbitos, o medicamento estava certo ou provavelmente relacionado, o que corresponde a 0,05% de todas as internações hospitalares.

Pirmohamed et al. (2004) estimaram que as RAM são responsáveis por 0,15% das causas de morte em hospitais ingleses e ocupam 4% da capacidade dos leitos hospitalares.

FARMACOVIGILÂNCIA **31**

No Brasil, dados do Sistema de Informação sobre Mortalidade (SIM), do Ministério da Saúde, revelaram que, no período de 1996 a 2003, ocorreram aproximadamente seis mil óbitos em consequência de problemas com medicamentos (Anvisa, 2009).

Os eventos adversos a medicamentos estão associados com custo adicional aos sistemas de saúde, contribuindo para o aumento nos gastos em cerca de R$ 6.000 a R$ 9.000 por evento (Gil et al., 2010). Em 2005, foram registradas no Sistema de Informação Hospitalar do Sistema Único de Saúde (SIH/SUS) cerca de 21.500 internações (59 internações/dia) por causa de problemas associados ao uso de medicamentos, totalizando o custo aproximado de R$ 8.300.000,00 (Anvisa, 2009).

Entretanto, esse montante poderia ser poupado, uma vez que cerca de 50% dos eventos adversos a medicamentos responsáveis pelas hospitalizações podem ser prevenidos (Leendertse et al., 2008), se a análise do risco/benefício dos medicamentos e a monitorização do paciente para detecção dos fatores de risco fossem realizadas nos níveis primário e secundário de atenção à saúde.

Segundo Moore et al.(1998), as RAM aumentam em 5,3% a 8,5% o período de internação, onerando desnecessariamente as instituições de saúde, visto que 70% das internações hospitalares por esse motivo poderiam ter sido evitadas.

Resultados semelhantes podem ser observados no estudo de Lagnaoui et al. (2000), em que as RAM prolongaram em 7,5% o período da internação, e 80% poderiam ter sido prevenidas, uma vez que se tratam de reações do tipo A ou dose-dependente, cujos mecanismos de ação já foram elucidados na literatura (Rawlins et al., 1977).

Fatores de risco para a ocorrência de RAM

Trabalhos demonstram que os idosos são de sete a nove vezes mais propensos a serem internados por RAM em relação aos não idosos (Turnheim, 1998; Mannesse et al., 2000; Beijer; Blaey, 2002). Essa característica pode ser explicada pelas alterações fisiológicas inerentes ao processo de envelhecimento, as quais promovem alterações farmacocinéticas e farmacodinâmicas no organismo do idoso. Essas mudanças os tornam mais suscetíveis aos efeitos dos fármacos e, dessa forma, ao aparecimento de RAM (Turnheim, 1998).

O gênero feminino também vem sendo demonstrado, em diversos estudos, como fator de risco para a ocorrência de RAM (Hallas et al., 1992; Moore et al., 1998; Fattinger et al., 1999; Lagnaoui et al., 2000; van der Hooft et al., 2006; Patel et al., 2007; Zopf et al., 2008a). O fato de a mulher ser mais acometida pelos efeitos adversos a medicamentos pode ser explicado pela constituição do organismo feminino, que apresenta maior teor de gordura corporal, além de aspectos fisiológicos e hormonais (menstruação, gravidez e menopausa) que podem influenciar na farmacocinética e na farmacodinâmica. Além disso, cabe ressaltar que as crenças e questões culturais também podem propiciar o desenvolvimento de RAM. Por exemplo, as mulheres, por aceitarem mais suas doenças, utilizam com maior frequência o sistema de saúde (Patel et al., 2007) e, por conseguinte, administram maior número de medicamentos, fato que pode aumentar a suscetibilidade desse gênero aos efeitos adversos.

A polimedicação é outro aspecto que favorece o desenvolvimento de RAM (Hallas, et al., 1992; Fattinger et al., 1999; Camargo et al., 2006; Zopf et al., 2008b; Varallo et al., 2011). Pirmohamed et al. (1998) verificaram que a probabilidade de se desenvolver RAM em consequência de interações medicamentosas aumenta com o número de fármacos ingeridos; observaram também que geralmente os idosos e os pacientes com terapias crônicas são os mais acometidos. Além disso, estudos demonstram que os pacientes admitidos no hospital por RAM administram maior número de medicamentos quando comparados aos pacientes hospitalizados por outros motivos (Mastroianni et al., 2009; Oliver et al., 2009; Varallo et al., 2011).

Entretanto, fatores sociodemográficos, tais como nível educacional (Pfaffenbach et al., 2002), morar sozinho ou com a família, estado civil e uso de álcool ou tabaco não demonstraram interferência na prevalência de internações por RAM (Caamaño et al., 2005). Em contrapartida, Onder et al. (2002) observaram que o uso de bebidas alcoólicas em idosos pode ser um fator de risco independente para o desenvolvimento de RAM, pois interfere na absorção, distribuição e metabolismo do medicamento. Varallo et al. (2010b) observaram que os pacientes acometidos de cardiopatias internados em hospital de alta complexidade e que relataram o uso leve ou moderado de bebidas alcoólicas tiveram menor chance de serem hospitalizados por RAM (p = 0,023). Isso porque o consumo de álcool nessas condições (leve ou moderado) promove efeitos benéficos ao sistema cardiovascular, pois aumenta o HDL (*High-density Lipoprotein Cholesterol*), reduz a viscosidade do plasma e a concentração de fibrinogênio, aumenta a fibrinólise, diminui a agregação plaquetária, melhora a função endotelial, reduz processo inflamatório e promove efeito antioxidante (Kloner; Rezkalla, 2007).

4
ERROS DE MEDICAÇÃO

Entende-se por erro de medicação qualquer evento evitável que, de fato ou potencialmente, pode levar ao uso inadequado de medicamento. Isso significa que o uso inadequado pode ou não lesar o paciente, não importando se o medicamento se encontra sob o controle de profissionais de saúde, do paciente ou do consumidor (ASHSP, 1998). Tais eventos podem estar relacionados com as práticas profissionais, com os produtos, com os procedimentos ou com os sistemas, incluindo as prescrições escritas ou orais, os rótulos, a embalagem, a nomenclatura, a preparação, a dispensa, a distribuição, a administração, a educação, a monitorização/o seguimento e a utilização dos medicamentos (NCC MERP,1998a).

O gerenciamento dos erros de medicação pode ser realizado utilizando-se duas abordagens distintas. A primeira delas é focada nos erros pessoais, ou seja, na identificação do profissional que cometeu os erros. A segunda é voltada para o gerenciamento do sistema, cujo principal objetivo é analisar as falhas na organização (sejam nas estratégias dos protocolos empregados na instituição, nas políticas de trabalho, entre outros) que contribuíram para que algum erro acometesse (ou não) o usuário dos serviços.

Tradicionalmente, a abordagem pessoal é a que mais vigora nos estabelecimentos de saúde. Segundo Reason (2000), os atos inseguros dos profissionais de saúde são provenientes da falta de atenção e motivação, do esquecimento, da falta de cuidado, da negligência e do desvio de conduta. As medidas preventivas adotadas para evitar e minimizar os erros de medicação visam identificar o profissional responsável pelo erro a fim de puni-lo e/ou repreendê-lo publicamente. Os seguidores dessa abordagem tendem a manejar os erros como questões morais, considerando que práticas inadequadas ocorrem com pessoas de competência questionável. Portanto, para evitar a ocorrência de práticas que conduzem a erros, a estratégia utilizada, muitas vezes, é a demissão do funcionário, pois se tem a ilusão de que o problema será resolvido e garantir-se-á a segurança dos usuários dos serviços prestados pelo estabelecimento. As penalidades às quais o profissional está sujeito variam de acordo com a lesão causada ao paciente e o tipo de consequência, como processos judiciais por negligência, imprudência, má prática, e ficar sob julgamento da legislação civil, penal e ética (Carvalho et al., 2002).

Todavia, essa forma de gerenciamento não é a mais adequada, uma vez que intimida o profissional a notificar seu próprio erro ou de outros colegas. O medo das consequências que o relato de um erro de medicação irá promover para o profissional notificador e o responsável pelo erro prejudicará as ações de farmacovigilância e, por conseguinte, impede o desenvolvimento de estratégias para a minimização de riscos.

Desse modo, ganha força a abordagem sistêmica de gerenciamento de erros de medicação, a qual tem como premissa básica que os seres humanos são falíveis e que, por melhor que a instituição seja, haverá sempre uma taxa considerável de erros. Seguidores dessa abordagem consideram que os erros são consequências e não causas da falibilidade natural do homem, havendo a necessidade de mudar as condições de trabalho às quais os funcionários estão submetidos, a fim de minimizar a incidência de práticas inadequadas. Assim sendo, a ideia central é esclarecer por que as barreiras defensivas do sistema falharam para prevenir o erro e não se preocupar em localizar o responsável por ele.

Modelo de Reason (modelo do queijo suíço)

Reason (2000) utiliza a metáfora do queijo suíço para explicar por que ocorrem os erros de medicação na área médica, sob a ótica da abordagem sistêmica. Nesse modelo, as "fatias" do queijo são as barreiras de segurança adotadas pela instituição, ou seja, procedimentos, condutas, diretrizes que devem ser desempenhados pelos profissionais, a fim de garantir a segurança dos pacientes e as práticas apropriadas para a execução dos serviços prestados no hospital. Durante a prática clínica, frequentemente há abertura e fechamento de "buracos" nas fatias do queijo, os quais representam os erros de medicação ou as falhas no processo que podem ou não acometer o paciente. Para que o erro atinja o paciente (trajetória do risco), é necessário que as práticas incorretas ocorram em todas as etapas de processo, sem que tenham sido detectadas pelas barreiras de segurança (Figura 2). Por exemplo: um paciente deve utilizar um determinado medicamento de determinada dosagem. Entretanto, foi dispensado o medicamento com a dosagem diferente da solicitada pelo médico (o erro ultrapassou a primeira barreira de segurança). Na enfermaria, não foi conferido se o medicamento está de acordo com o que foi prescrito (o erro ultrapassou a segunda barreira de segurança) e foi administrado no paciente (o erro atingiu o paciente). Contudo, se a equipe de enfermagem realizasse a checagem do medicamento dispensado com o prescrito, o erro seria detectado precocemente e não causaria danos à saúde do paciente. Desse modo, pode-se concluir que a ocorrência de um erro em qualquer etapa do processo (ou fatia do queijo) pode não acometer e causar danos aos pacientes, caso as demais barreiras sejam capazes de detectá-lo e barrá-lo previamente.

Na abordagem sistêmica, os erros de medicação são classificados em:

- *erros ativos*: atos inseguros que causam consequências adversas imediatas. Esses atos podem ser oriundos de erros, lapsos, violação de procedimentos, dentre outros;
- erros latentes: resultados de decisões dos altos níveis organizacionais, cujas consequências danosas se tornam evidentes quando se combinam com fatores desencadeadores.

Figura 2 – Modelo do queijo suíço para ilustrar a ocorrência dos erros de medicação

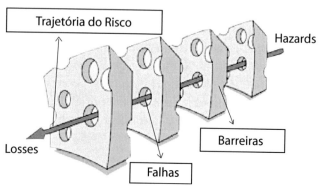

Fonte: Reason, 2000.

Portanto, de acordo com Rosa et al. (2008), a segurança dos medicamentos divide-se em dois segmentos: a garantia e a eficácia do produto e da margem de segurança de seus efeitos nocivos conhecidos e aceitáveis, e a garantia de que o uso seja seguro em todas as etapas.

Classificação dos erros de medicação

Quanto à prevenção

Por definição, os erros de medicação são passíveis de prevenção, entretanto, quando ocorrem, devem ser investigados, pois podem ser causas de eventos adversos a medicamentos que podem acarretar resultados clínicos negativos à saúde do paciente. Cabe ressaltar que é a questão da prevenção que distingue os erros de medicação das RAM. A ocorrência dos efeitos adversos a um medicamento está relacionada com as características individuais do organismo do paciente. Portanto, a menos que se conheça o histórico médico do paciente, bem como suas alergias medicamentosas, pouco se pode fazer para prevenir o aparecimento de RAM. Por isso, faz-se necessário conhecer as principais manifestações clínicas dos efeitos indesejáveis, os fatores de risco associados à ocorrência desses efeitos e promover a educação continuada dos profissionais de saúde, para que sejam habilitados a monitorar o paciente de forma adequada, reconhecendo precocemente sinais e sintomas que possam estar relacionados com o uso de medicamentos. Desse modo, é possível evitar agravos à saúde do usuário.

Quanto à gravidade

O National Coordinating Council for Medication Error Reporting and Prevention (NCC MERP, 1998b) publicou em 1998 a *Taxonomia dos Erros de Medicação*, que classifica os erros de medicação em função dos resultados clínicos que causaram à saúde do paciente. A definição das categorias pode ser observada na figura abaixo.

Figura 3 – Categorias da gravidade dos erros de medicação (NCC MERP, 2001)

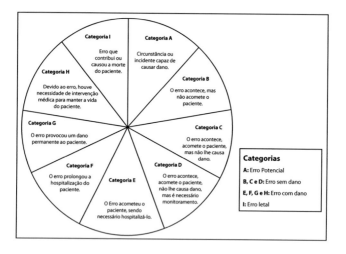

Quanto ao tipo

De acordo com a natureza do erro de medicação, a American Society of Health-System Pharmacistis (ASHP, 1993) classifica 11 categorias relacionadas à prescrição, preparação, dispensação e administração. As definições são dadas na tabela a seguir.

FARMACOVIGILÂNCIA **41**

Tabela 4 – Definição e tipos de erros de medicação, de acordo com a American Society of Health-System Pharmacistis (1993)

Tipo de erro	Definição
De prescrição	Seleção incorreta do medicamento prescrito (segundo as suas indicações, contraindicações, alergias conhecidas, tratamento farmacológico já existente e outros fatores), dose, forma farmacêutica, quantidade, via de administração, concentração, frequência de administração ou instruções de uso, prescrições ilegíveis ou prescrições que induzam a erro que possa alcançar o doente.
Por omissão	Falha na administração de uma dose prescrita; exclui a recusa do paciente ou a decisão clínica ou outra razão válida para não administrá-la.
Hora errada	Administração fora do horário preestabelecido pelo serviço.
Medicamento não prescrito	Administração de um medicamento não prescrito.
Dose/quantidade inadequada	Qualquer dose, concentração ou quantidade que seja diferente do que consta na prescrição.
Forma farmacêutica incorreta	Uma forma farmacêutica dispensada/administrada diferentemente da prescrita.
Método incorreto de preparação do medicamento	Preparação/formulação/reconstituição ou diluição incorreta de um medicamento.
Técnica de administração errada	Técnica de administração inapropriada/incorreta de um medicamento. Inclui o fracionamento inapropriado de comprimidos.
Medicamento deteriorado	Administração de um medicamento com prazo de validade vencido ou cuja integridade físico-química tenha sido alterada. Inclui má armazenagem desse produto.
De monitorização	Não rever o tratamento prescrito para verificar sua idoneidade e detectar possíveis problemas; não utilizar os dados clínicos e analíticos para avaliar a resposta do doente à terapêutica prescrita.
Adesão	Cumprimento inadequado do tratamento prescrito.
Outros	Outros erros de medicação não descritos nas categorias anteriores.

Quanto à etiologia

As causas dos erros de medicação são multifatoriais e complexas, podendo estar relacionadas com: o sistema, ou seja, nos protocolos, nas diretrizes e nas políticas adotadas pela instituição; as falhas na educação dos profissionais de saúde envolvidos no sistema; a inexperiência na prática clínica, a falta de técnica, a ausência de educação continuada, dentre outros; os equipamentos; o ambiente de trabalho inadequado; e o paciente (Figura 4).

Figura 4 – Etiologia dos erros de medicação

De acordo com a taxonomia causal dos erros de medicação proposta pelo NCC MERP, há cinco categorias etiológicas principais para os erros de medicação:

1) falha na comunicação entre os profissionais da saúde (verbal ou escrita) pelos seguintes motivos: abreviações, ilegibilidade, unidades de medidas não métricas, casas decimais, dentre outras.
2) semelhanças sonoras e escritas dos nomes das substâncias ativas: fármacos diferentes podem ter o mesmo sufixo ou prefixo, bem como pronúncias semelhantes, o que pode provocar erros durante a prescrição, dispensação e administração.
3) problemas de rotulagem dos medicamentos, tais como: embalagens semelhantes de produtos diferentes; embalagens semelhantes do mesmo produto com dosagens diferentes, presença de logomarca que pode distrair o funcionário, dentre outros.

FARMACOVIGILÂNCIA 43

4) fatores humanos: erros de preparação de medicamentos, de transcrição da prescrição, de armazenagem, rotulagem, dispensação, administração. As causas que podem desencadear esses erros são: estresse, sobrecarga de trabalho, falta de atenção e inexperiência da prática ou falta de conhecimento para realizá-la.

5) design inapropriado da embalagem: pode haver designs semelhantes de produtos diferentes (cor, tamanho, dosagens dos medicamentos), mau funcionamento dos dispositivos, dentre outros.

Medidas para a prevenção dos erros de medicação

Para cada etapa do processo de utilização de medicamento (prescrição, transcrição, dispensação e administração), há alternativas que podem ser utilizadas para evitar, prevenir ou minimizar os erros de medicação.

Em instituições terciárias e quaternárias de atenção à saúde, um método que se mostra efetivo para a redução dos erros de prescrição é a utilização da prescrição eletrônica, cujas vantagens são: eliminação da etapa da transcrição e, por conseguinte, dos erros inerentes a essa fase; diminuição dos erros de interações medicamentosas, pois há *softwares* modernos que emitem mensagens de alerta quando se deparam com alguma interação ou quando o paciente faz uso de um determinado medicamento que pode provocar um evento adverso quando associado ao medicamento prescrito pelo médico. A desvantagem relacionada a essa medida alternativa se refere ao formato da prescrição eletrônica. Sendo a ferramenta de autopreenchimento, o médico pode selecionar o medicamento errado (por ter grafia semelhante). Ademais, não contempla o erro médico de prescrever o medicamento errado, mas já reduz muitos outros riscos. Quando as instituições de saúde não possuem recursos financeiros para adotar essa medida, um farmacêutico deveria realizar a análise das prescrições antes que o medicamento seja dispensado ao paciente.

Para prevenir os erros na etapa da transcrição, recomenda-se a dupla checagem da cópia da prescrição medicamentosa realizada pelo funcionário (um profissional transcreve a receita e outro confere o que foi transcrito), para verificar se as transcrições dos fármacos, dosagens e posologias foram corretamente realizadas.

A utilização de *softwares* que permitam a leitura dos códigos de barras presentes nas embalagens dos medicamentos, na farmácia de dispensação, possibilita conferir se o medicamento dispensado é o mesmo prescrito para um determinado paciente. Caso não seja, o programa não permite a liberação do produto (a prescrição permanece em aberto até que o medicamento correto seja dispensado). Não obstante, a análise de prescrição pelo farmacêutico é impreterível, porque detecta erros de dose e prescrição de medicamentos incorretos, posologias inadequadas, interações medicamentosas.

Para garantir a segurança da administração de medicamentos, a técnica dos "cinco certos" da equipe de enfermagem deve ser empregada. Os componentes dessa filosofia são: medicamento certo, na dose certa, na hora certa, na via de administração certa para o paciente certo. De acordo com Miasso et al. (2000), desses itens, o "paciente certo" será sempre o desafio para os profissionais se eles não utilizarem estratégias necessárias para assegurar que realmente o paciente receba sua medicação prescrita. Os autores destacam as estratégias de identificação dos pacientes pelas pulseiras com o nome completo e identificação do leito, além de evitar que aqueles com nomes semelhantes se instalem na mesma enfermaria. Atualmente, há sistemas de *palm top*, que fazem a leitura de identificação do paciente em sua pulseira pelo código de barras. Ademais, a equipe de enfermagem deve estar atenta para verificação da data de validade do medicamento e de como prepará-lo.

5
DESVIOS DA QUALIDADE DE MEDICAMENTOS (QUEIXAS TÉCNICAS)

De acordo com a Organização Pan-americana de Saúde (2005a), a globalização, o consumismo, a explosão do livre comércio, a comunicação entre fronteiras e o uso crescente da internet promoveram mudanças no acesso aos medicamentos e às informações sobre eles, as quais incitaram outras questões relativas à segurança medicamentosa, como, por exemplo, a fabricação de produtos de baixa qualidade (ou com desvios da qualidade) e de medicamentos falsificados.

Desvio da qualidade de medicamentos é o afastamento dos parâmetros de qualidade estabelecidos para um produto ou processo (RDC n.17 de 16 de abril de 2010). Assim sendo, alterações organolépticas (cor, sabor, odor), alterações físico-químicas (precipitações, problemas de solubilidade, homogeneização, desintegração) e alterações gerais (problemas nas embalagens, vazamento, rotulagem, presença de partículas estranhas) também são avaliados pela farmacovigilância.

Em 1992, foi realizada em Genebra a primeira reunião internacional sobre medicamentos falsificados, organizada pela Organização Mundial da Saúde e a Federação

Internacional das Associações de Fabricantes de Produtos Farmacêuticos (IFPMA). Nesse evento, os participantes definiram o conceito de medicamentos falsificados, que são aqueles deliberada e fraudulentamente rotulados de forma incorreta com relação à identificação e/ou fonte. A falsificação pode se aplicar tanto a produtos de marca quanto a genéricos, e podem incluir produtos com os princípios corretos ou incorretos, sem princípios ativos, com princípios ativos insuficientes ou com embalagem falsa.

No Brasil, compete à Anvisa avaliar a qualidade dos produtos para a saúde disponíveis no mercado, bem como prevenir e combater a falsificação de medicamentos. Entre as estratégias adotadas para permitir tais ações, está a criação da Rede Sentinela, em 2001, cujo objetivo é incentivar a notificação espontânea de problemas relacionados a medicamentos (tais como RAM, erros de medicação, inefetividade terapêutica e desvios da qualidade de medicamentos), a fim de auxiliar a regulamentação do mercado farmacêutico. Desse modo, as notificações espontâneas de desvios da qualidade de medicamentos podem ser utilizadas como indicador para avaliar as Boas Práticas de Fabricação Farmacêutica. Até março de 2011, a vigilância sanitária recebeu 3.395 notificações de queixas técnicas (Figura 5).

Figura 5 – Número de notificações de queixas técnicas recebidas pela Anvisa, no período de janeiro a março de 2011

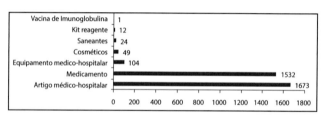

Fonte: Anvisa, 2011a.

FARMACOVIGILÂNCIA **49**

Em relação à falsificação de medicamentos, podem-se citar as importantes modificações legais adotadas, incluindo a classificação do delito como crime hediondo, e, recentemente, a publicação da Lei n.11.903, de 14 de janeiro de 2009, a chamada Lei da Rastreabilidade, que dispõe sobre o rastreamento da produção e do consumo de medicamentos por meio de tecnologia de captura, armazenamento e transmissão eletrônica de dados.

Assim sendo, o objetivo da Anvisa é minimizar os riscos causados pela existência no mercado nacional de medicamentos falsificados, roubados, sem registro ou contrabandeados, uma vez que a utilização desses produtos implica agravos à saúde dos usuários e, por isso, é considerado um problema de saúde pública. Em 2010, a vigilância sanitária apreendeu 53.575 unidades de medicamentos falsificados e contrabandeados e 62,9 toneladas de medicamentos sem registro (Anvisa, 2011b) (Tabela 5).

Tabela 5 – Apreensões de medicamentos falsificados realizadas pela Anvisa, no período de 2007 a 2010

Operações Conjuntas	2007	2008	2009	2010 (jan.-set.)
Apreensões de medicamentos falsificados e contrabandeados (em unidade farmacêutica)	620	1.000	53.535	53.5755
Apreensão de medicamentos da portaria SVS/MS n.344/98 (em caixas)	–	20.000	61.495	155.817
Apreensão de medicamentos sem registro (em toneladas)	5	44	235	62,9
Apreensão de saneantes, cosméticos, alimentos, produtos para saúde sem registro ou impróprios (em toneladas)	1	171,2	156	79,6

Fonte: Anvisa, 2011b.

6
SUSPEITAS DE INEFETIVIDADE TERAPÊUTICA

A inefetividade terapêutica pode ser definida como ausência ou redução da resposta terapêutica esperada de um medicamento, sob condições de uso prescritas ou indicadas em bula. Esse evento pode ser originado por falhas durante o processo de fabricação do medicamento (desvios da qualidade ou queixas técnicas) ou por erros de medicação (não cumprimento à farmacoterapia, mau armazenamento, administração em via incorreta, uso *off-label*, entre outros) (Meyboom et al., 2000).

Esse problema, especialmente quando é classificado como inesperado, é um importante sinal em farmacovigilância, ou seja, hipótese que necessita ser testada (Meyboom et al., 2002), uma vez que pode indicar o desenvolvimento de tolerância e/ou resistência ao medicamento, uma interação medicamentosa não descrita ou, até mesmo, pode apontar para desvios da qualidade do medicamento ou identificar produtos falsificados.

Outro fator que pode estar relacionado com a inefetividade terapêutica é o polimorfismo dos fármacos. Segundo a Food and Drugs Administration (FDA), o polimorfismo de um sólido cristalino pode ser definido como as diferentes estruturas cristalinas que uma mesma molécula pode apresentar. O pseudopolimorfismo, por outro lado, é o termo utilizado para as formas cristalinas de uma dada molécula que apresentam, em sua estrutura cristalina, outro tipo de molécula, como água (hidratos) ou solventes (solvatos) (FDA, 2007).

A ocorrência de polimorfismo num fármaco pode levar a diferenças na solubilidade dos polimorfos, o que pode ser determinante para as diferenças na biodisponibilidade e, consequentemente, comprometer a bioequivalência do medicamento genérico e a biodisponibilidade relativa do medicamento similar (Capucho et al., 2008). Exemplos de classes farmacológicas que apresentam princípios ativos polimórficos são os barbitúricos (70%), sulfonamidas (23%) e esteroides (23%) (Brittain, 1999). Outros exemplos podem ser observados na tabela a seguir.

Tabela 6 – Exemplos de fármacos que apresentam polimorfismo

Classe terapêutica	Fármaco
Antibióticos	ampicilina
	cloranfenicol palmitato
	eritromicina
Anti-inflamatórios não esteroidais	indometacina
	nimesulida
	piroxicam
Anti-hipertensivos	carvedilol
	metropolol
	captopril
	enalapril
Diuréticos	espironolactona
Ansiolíticos	alprazolam
	clordiazepóxido

7
PROPOSTA DE IMPLEMENTAÇÃO DE UM SERVIÇO DE FARMACOVIGILÂNCIA

Segundo o Instituto Brasileiro de Geografia e Estatística (IBGE, 2010), há no Brasil, 6.875 estabelecimentos de saúde com internação (hospitais), dos quais 41,3% (2.839) são públicos e 58,7% (4.036) privados. Atualmente, 247 hospitais compõem a Rede Sentinela. Portanto, menos de 3,5% (242) das instituições de saúde de nível terciário ou quaternário são responsáveis por 60% das notificações recebidas pela Unidade de Farmacovigilância da Anvisa (Souza et al., 2004), demonstrando que essa Rede é a principal fonte de notificação de problemas relacionados a medicamentos e a Evento Adverso a Medicamento (EAM), permitindo a avaliação do risco/benefício da utilização de medicamentos e a regulamentação desses produtos no mercado brasileiro. Esses dados também sugerem que há subnotificação dos relatos dos casos de EAM no país.

Assim, se faz necessário implementar atividades de gerenciamento de risco sanitário nos hospitais que não realizam atividades de monitoramento da segurança dos medicamentos, pois essas instituições de saúde constituem centros importantes para o trabalho da farmacovigilância, dada a alta incidência de RAM relacionadas à admissão hospitalar e a óbitos (Opas, 2011).

Neste contexto, foi publicada pelo Ministério da Saúde a Portaria n.529 de 1º de abril de 2013, a qual institui o Programa Nacional de Segurança do Paciente (PNSP), que tem como objetivos: 1) promover e apoiar a implementação de iniciativas voltadas à segurança do paciente em diferentes áreas da atenção, organização e gestão de serviços de saúde, por meio da implantação da gestão de risco e de Núcleos de Segurança do Paciente nos estabelecimentos de saúde; 2) envolver os pacientes e familiares nas ações de segurança do paciente; 3) ampliar o acesso da sociedade às informações relativas à segurança do paciente; 4) produzir, sistematizar e difundir conhecimentos sobre segurança do paciente; e 5) fomentar a inclusão do tema segurança do paciente no ensino técnico e de graduação e pós-graduação na área da saúde (BRASIL, 2013).

A prática da farmacovigilância converge para obtenção das metas propostas para a PNSP, uma vez que, por meio da avaliação do risco/benefício de medicamentos, é possível detectar precocemente efeitos indesejáveis relacionado ao uso das medicações, traçar planos de minimização de riscos e, por conseguinte, contribuir para a promoção do uso racional de medicamentos e segurança do paciente.

Uma metodologia que tem se mostrado efetiva para implementar o serviço, além de capacitar e qualificar os profissionais de saúde para atuarem em farmacovigilância (notificações espontâneas de reações adversas a medicamentos e outros problemas relacionados a medicamentos), é a elaboração de intervenções educativas em saúde, principalmente para médicos e farmacêuticos. Os resultados obtidos por estudos conduzidos em países europeus e nos Estados Unidos demonstram que a Intervenção Educativa (IE) melhora as atitudes em farmacovigilância desses profissionais, pois promove o aumento do número absoluto

FARMACOVIGILÂNCIA **55**

de notificações espontâneas nas instituições estudadas (Ribeiro-Vaz et al., 2011; Gony et al., 2010; Cereza et al., 2010; Valano et al., 2010; Tabali et al., 2009; Pedrós et al., 2009; Herdeiro et al., 2008; Figueiras et al., 2006; Rosebraugh et al., 2003), bem como melhora a qualidade dos relatos de Evento Adverso a Medicamento (EAM), ou seja, notificação de RAM inesperadas, relacionadas a medicamentos novos (aqueles com menos de cinco anos de obtenção de registro) e graves (Pedrós et al., 2009; Rosebraugh et al., 2003).

Todavia, como proposta de implementação de um serviço de farmacovigilância elaborou-se um procedimento que inclui três etapas, sendo a primeira a proposição e o levantamento de indicadores de farmacovigilância; a segunda se refere à implementação propriamente dita e, por último, a avaliação do impacto do serviço.

A proposição e o levantamento de indicadores (primeira etapa) permitem verificar a presença de rotina de análise de segurança do medicamento no estabelecimento de saúde, ou seja, possibilita analisar se os profissionais de saúde atuam em farmacovigilância, mesmo não havendo coordenação oficial para esse serviço. Exemplos de indicadores que podem ser propostos e investigados nessa fase são: número de relatos de problemas relacionados a medicamentos (suspeita de inefetividade terapêutica e desvios da qualidade de medicamentos), erros de medicação e RAM.

Em seguida, compreendendo a segunda etapa, é necessário apresentar o serviço para os profissionais que atuam na instituição, elucidando aspectos técnicos para habilitar e oficializar a rotina de atividade de farmacovigilância: explicar os procedimentos-padrão de como preencher corretamente a ficha de notificação de EAM, bem como instruir onde retirar a ficha e para onde enviá-la após o relato do caso observado; esclarecer aos profissionais aptos à notificação o que se pode notificar, como realizar a análise de causalidade das RAM; organização da gerência de risco e a documentação e o registro das informações obtidas pelas notificações espontâneas (indicadores de resultado). Além disso, é importante, nessa etapa, incutir a importância da atuação dos profissionais em relação às notificações, para que o serviço se integre à rotina da assistência médica promovida no estabelecimento.

A fim de avaliar o impacto do serviço de farmacovigilância, pode ser realizado o monitoramento das atividades por determinado período de tempo (terceira etapa), após a implementação das atividades, por meio dos indicadores propostos previamente. Caso haja aumento da taxa dos indicadores propostos, como, por exemplo, aumento da taxa de notificações espontâneas de problemas relacionados a medicamentos (suspeita de inefetividade terapêutica e desvios da qualidade de medicamentos), erros de medicação e RAM, há evidências de que a implementação foi efetiva para a promoção da farmacovigilância na instituição.

A prestação do serviço de farmacovigilância em instituições de saúde permite que as informações obtidas pela avaliação do risco/benefício da utilização de medicamentos possam influenciar médicos, farmacêuticos e pacientes na seleção, na indicação, na administração e nas precauções a serem tomadas em relação aos medicamentos (incluindo a automedicação) (Meyboom et al., 1999b), bem como contribuir com as agências sanitárias e as indústrias farmacêuticas na regulamentação e, por conseguinte, na comercialização de produtos seguros, eficazes e de qualidade, além de contribuir para a promoção do uso racional dos medicamentos.

Referências bibliográficas

AGBABIAKA T. B.; SAVOVIT, J.; ERNST, E. Methods for causality assessment of adverse drug reactions. A systematic review. *Drug Safety*, v.31, n.1, p.21-37, 2008.

AMERICAN SOCIETY OF HEALTH-SYSTEM PHARMACISTS Guidelines on preventing medication errors in hospitals. *American Journal of Health-System Pharmacy*, n.50, p.305-14, 1993.

American Society of Health-System Pharmacists Suggested definitions and relationships among medication misadventures, medication errors, adverse drug events, and adverse drug reactions. *American Journal of Health-System Pharmacy*, n.55, p.165-6, 1998.

ANVISA. Diretrizes Nacionais para a Vigilância de eventos adversos e queixas técnicas de produtos sob Vigilância Sanitária, 2009. Disponível em <http://www.anvisa.gov.br/pos_comercializacao/pos/diretrizes.htm>. Acesso em: 18 set. 2009.

ANVISA. Sistema Nacional de Notificação e Investigação em Vigilância Sanitária. Relatório de Queixas Técnicas (QT). jan.-mar. 2011a. Disponível em: <http://www.anvisa.gov.br>. Acesso em: 20 jul. 2011.

ANVISA. Anvisa lança selo de segurança para medicamentos. 2011b. Disponível em: <http://www.anvisa.gov.br>. Acesso em: 20 jul. 2011.

ARIMONE, Y.; BÉGAUD, B.; MIREMONTE-SALAMÉ, G.; FOURRIER-RÉGLAT, A.; MOORE, N.; MOLIMARD, M.; HARAMBURU, F. Agreement of expert judgment in causality assessment of adverse drug reactions. *European Journal of Clinical Pharmacology*, v.61, p.169-73, 2005.

ARIMONE, Y.; MIREMONT-SALAMÉ, G.; HARAMBURU, F.; MOLIMARD, M.; MOORE, N.; FOURRIER-RÉGLAT, A.; BÉGAUD, B. Inter-expert agreement of seven criteria in causality assessment of adverse drug reactions. *British Journal of Clinical Pharmacology*, v.64, n.4, p.482-8, 2007.

AURICHE, M. Approche bayésienne de l'imputabilité des phénomènes indésirables aux médicaments. *Thérapie*, v.40, p.301-6, 1985.

BEERS, M. H.; OUSLANDER, J. G.; ROLLINGHER, J.; REUBEN, D. B.; BECK, J. C. Explicit criteria for determining inappropriate medication use in nursing home residents. *Archives of Internal Medicine*, v.151, p.1825-32, 1991.

BEIJER, H. J. M.; BLAEY, C. J. Hospitalizations caused by Adverse Drug Reactions (ADR): A meta-analysis of observational studies. *Pharmacy World and Science*, v.24, p.46-54, 2002.

BHALLA, N.; DUGGAN, C.; DHILLON, S. The incidence and nature of drug related admissions to hospital. *The Pharmaceutical Journal*, v.270, p.583-6, 2003.

BONGUE, B.; NAUDIN, F.; LAROCHE, M. L.; GALTEAU, M. M.; GUY, C.; GUÉGUEN, R. et al. Trends of the potentially inappropriate medication consumption over 10 years in older adults in East of France. *Pharmacoepidemiology and Drug Safety*, n.18, p.1125-33, 2009.

BRASIL. Portaria n. 529, de 01 de abril de 2013. Institui o Programa Nacional de Segurança do Paciente (PNSP). *Diário Oficial da União*. Brasília, 2 de abril de 2013. Disponível em: <http://www.in.gov.br/imprensa/visualiza/index.jsp?jornal=1&pagina=43&data=02/04/2013>. Acesso em: 5 abr. 2013.

FARMACOVIGILÂNCIA **59**

BRITTAIN, H. G. *Polymorphism in pharmaceutical solids.* New York: Marcel Dekker, 1999.

CAAMAÑO, F.; PEDONE, S.; ZUCCALA, C. P. Socio-Demographic factors related to the prevalence of adverse drug reaction at hospital admission in an elderly population. *Archives of Gerontology and Geriatrics,* v.40, p.45-52, 2005.

CAMARGO, A. L.; FERREIRA, M. B. C.; HEINECK, I. Adverse Drug reactions: a cohort study in internal medicine units at a university hospital. *European Journal of Clinical Pharmacology,* v.62, p.143-9, 2006.

CAPUCHO, H. C.; MASTROIANNI, P. C.; CUFFINI, S. Farmacovigilância no Brasil: a relação entre polimorfismo de fármacos, efetividade e segurança dos medicamentos. *Revista de Ciências Farmacêuticas Básica e Aplicada,* v.29, p.277-83, 2008.

CARVALHO, V. T.; CASSIANI, S. H. B. Erros na medicação e consequências para profissionais de enfermagem clientes: um estudo exploratório. *Revista Latino-americana de Enfermagem,* v.10, n.4, p.523-9, 2002.

CEREZA, G.; AGUSTÍ, A.; PEDRÓS, C.; VALLANOM, A.; AGUILERA, C.; DANÉS, I.; VIDAL, X.; ARNAU, J. M. Effect of an intervention on the features of adverse drug reactions spontaneously reported in a hospital. *European Journal of Clinical Pharmacology,* v.66, p.937-45, 2010.

DIAS, M. F. Introdução à farmacovigilância. In: STORPIRTS, S.; MORI, A. L. P. M.; YOCHIY, A.; RIBEIRO, E.; PORTA, V. (Eds.). *Ciências farmacêuticas:* farmácia clínica e atenção farmacêutica. Rio de Janeiro: Guanabara Koogan, 2008, p.46-63.

DOHERTY, M. J. Algorithms for assessing the probability of an Adverse Drug Reaction. *Respiratory Medicine CME,* v.2, p.63-7, 2009.

DORMANN, H.; RIECK, M. C.; NEUBERT, A.; EGGER, T.; GEISE, A.; KREBS, S. et al. Lack of awareness of community – acquired adverse drug reactions upon hospital admission. Dimensions and Consequences of a Dilemma. *Drug Safety,* v.26, n.5, p.353-62, 2003.

FATTINGER, K.; ROOS, M.; VERGÈRES, P.; HOLENS-TEIN, C.; KIND, B.; MASCHE, U. et al. Epidemiology of drug exposure and adverse drug reactions in two Swiss departments of internal medicine. *The Journal of Clinical Pharmacology*, v.49, p.158-67, 1999.

FDA. FOOD AND DRUG ADMINISTRATION. GUI-DANCE FOR INDUSTRY. ANDAs: Pharmaceutical Solid Polymorphism. Chemistry, Manufacturing, and Controls Information. DRAFT GUIDANCE. Center for Drug Evaluation and Research (CDER). 2007. Disponível em: <http://www. fda.gov/cder/guidance/index.htm>. Acesso em: 15 jan. 2008.

FICK, D. M.; COOPER, J. W.; WADE, W. E.; WALLER, J. L.; MACLEAN, J. R.; BEERS, M. H. Updating the Beers Criteria for Potentially Inappropriate Medication Use in Older Adults. Results of a US Consensus Panel of Experts. *Archives of Internal Medicine*, v.163, p.2716-25, 2003.

FIGUEIRAS, A.; HERDEIRO, M. T.; POLÓNIA, J.; GESTAL-OTERO, J. J. An Educational Intervention to improve Physician Reporting of Adverse Drug Reactions. A Cluster-Randomized Controlled Trial. *JAMA*, n.296, p.1086-93, 2006.

GONY, M.; BADIE, K; SOMMET, A.; JACQUOT, J.; BAUDRIN, D.; GAUTHIER, P.; MONTASTRUC, L.; BAGHERI, H. Improving Adverse Drug Reaction Reporting in Hospitals Results of the French Pharmacovigilance in Midi-Pyrénées Region (PharmacoMIP) Network 2-Year Pilot Study. *Drug Safety*, v.33, n.5, p.1-8, 2010.

GREEN, C. F.; MOTTRAM, D. R.; ROWE, P. H. Adverse drug reactions as a cause of admission to an acute medical assessment unit: a pilot study. *Journal of Clinical Pharmacy and Therapeutics*, v.25, p.355-61, 2000.

GREGORY, P. J.; KAREN, L. K. Medication Misadventures: Adverse Drug Reactions and Medication Errors. In: Malone, P. M.; Mosdell, K. W.; Kier, K. L.; Stanovich, J. E. (Eds.). *Drug Information:* a guide for pharmacists. 2.ed. USA: MC Graw-Hill, 2001, cap.16.

FARMACOVIGILÂNCIA 61

HALLAS, J.; GRAM, L. F.; GRODUM, E.; DAMSBO, N.; BROSEN, K.; HAGHFELT, T. et al. Drug related admissions to medical wards: a population based survey. *British Journal of Clinical Pharmacology*, v.33, p.61-8, 1992.

HERDEIRO, M. T.; POLÓNIA, J.; GESTAL-OTERO, J. J.; FIGUEIRAS, A. Improving the reporting of adverse drug reactions. A cluster-randomized trial among pharmacists in Portugal. *Drug Safety*, v.31, n.4, p.335-44, 2008.

HOSKINS, R. E.; MANNINO, S. Causality assessment of adverse drug reactions using decision support and informatics tools. *Pharmacoepidemiol Drug Safety*, v.1, p.235-49, 1992.

IBGE. Estatísticas da Saúde Assistência Médico-Sanitária 2009. Ministério do Planejamento, Orçamento e Gestão. Instituto Brasileiro de Geografia e Estatística. Diretoria de Pesquisas Coordenação de População e Indicadores Sociais, Rio de Janeiro, 2010.

JUNTTI-PATINEN, L.; NEUVONEN, P. J. Drug-related deaths in a university central hospital. *European Journal of Clinical Pharmacology*, v.58, p.479-82, 2002.

KANE-GILL, S. L.; JACOBI, J.; ROTHSCHILD, J. M. Adverse drug events in intensive care units: risk factors, impact, and the role of team care. *Critical Care Medicine*, v.38, n.6, p.S83-9, 2010. (suppl.)

KLONER, R. A.; REZKALLA, S. H. To drink or not to drink? That is the question. *Circulation*, n.116, p.1306-17, 2007.

KLOTZ, U.; MÖRIKE, K.; SHI, S. The clinical implications of aging for rational drug therapy. *European Journal of Clinical Pharmacology*, v.64, p.183-99, 2008.

KOH, Y.; KUTTY, F. B. M.; LI, S. C. Drug-related problems in hospitalized patients on polypharmacy: the influence of age and gender. *Therapeutics and Clinical Risk Management*, v.1, n.1, p.39-48, 2005.

KRAMER, M. S. Imputabilité des effets indésirables: individu (analyse du cas) versus groupe épidémiologie). In: 3es entretiens Jacques Cartier, p.31-44, 1989.

LAGNAOUI, R.; MOORE, N.; FATCH, J.; BOUSIER, M. L.; BÉGAUD, B. Adverse Drug Reactions in a department of systematic diseases-oriented internal medicine: prevalence, incidence, direct costs and avoidability. *European Journal of Clinical Pharmacology*, v.55, p.181-6, 2000.

LAZAROU, J.; POMERANZ, B. H.; COREY, P. N. Incidence of adverse drug reactions in hospitalized patients. A meta-analysis of prospective studies. *The Journal of the American Medical Association*, v.279, p.1200-5, 1998.

LEENDERTSE, A. J.; EGBERTS, A. C. G.; STOKER, L. J.; VAN DER BEMT, P. M. Frequency of and Risk Factors for Preventable Medication-Related Hospital Admissions in the Netherlands. *Archives of Internal Medicine*, v.168, n.17, p.1890-6, 2008.

LEENDERTSE, A. J.; VISSER, D.; EGBERTS, A. C.; VAN DEN BEMT, P. M. The relationship between study characteristics and the prevalence of medication-related hospitalizations: a literature review and novel analysis. *Drug Safety*, v.33, n.3, p.233-44, 2010.

MACEDO, A. F.; MARQUES, F. B.; RIBEIRO, C. F.; TEIXEIRA, F. Causality assessment of adverse drug reactions: comparison of the results obtained from published decisional algorithms and from the evaluations of an expert panel. Pharmacoepidemiol. *Drug Safety*, v 14, p.885-90, 2005.

MANNESSE, C. Y.; DERKX, F. H. M.; RIDDER, M. A. J.; VELD, A. J. M.; CAMMEN, T. J. M. Contribution of adverse drug reactions to hospital admission of older patients. *Age Ageing*, v.29, p.35-9, 2000.

MASTROIANNI, P.C.;VARALLO, F.R. (Orgs.). *Farmacovigilância para promoção do uso correto de medicamentos*. Porto Alegre: Armed, 2013.

MASTROIANNI, P. C.; VARALLO, F. R.; BARG, M. S.; NOTO, A. N.; GALDURÓZ, J. C. F. Contribuição do uso de medicamentos para internação hospitalar. *Brazilian Journal of Phamaceutical Sciences*, v.45, p.163-70, 2009.

MENDES. M. C. P.; PINHEIRO, R. O.; AVELAR, K. E. S.; TEIXEIRA, J. L.; SILVA, G. M. S. História da farmacovigilância no Brasil. *Revista Brasileira de Farmácia*, v.89, n.3, p.246-51, 2008.

MEYBOMM, R. H. B.; LINDQUIST, M.; EGBERTS, A. C. G.; EDUARDS, I. R. Signal Selection and Follow-up in Pharmacovigilance. *Drug Safety*; v.25, n.6, p.459-65, 2002.

MEYBOOM, R. H.; HEKSTER, Y. A.; EGBERTS, A. C.; GRIBNAU, F. W.; EDWARDS, I. R. Causal or casual? The role of causality assessment in pharmacovigilance. *Drug Safety*, v.17, p.374-89, 1997.

MEYBOOM, R. H. B.; EGBERTS, A. C. G. Comparing therapeutic benefit and risk. *Thérapie*; 54, n.1, p.29-34, 1999a.

MEYBOOM, R. H. B.; EGBERTS, A. C. G.; GRIBNAU, F. W. J.; HEKSTER, Y. A. Pharmacovigilance in Perspective. *Drug Safety*, n.6, p.429-47, 1999b.

MEYBOOM, R H. B.; LINDQUIST, M.; EGBERTS, A. C. G. An ABC of Drug-Related Problems. *Drug Safety*, v.22, p.415-23, 2000.

MIASSO, A. I.; CASSIANI, S. H. B. Erros na administração de medicamentos: divulgação de conhecimentos e identificação do paciente como aspectos relevantes. *Revista da Escola de Enfermagem da USP*, v.34, p.16-25, 2000.

MONSEGUI, G. B. G.; ROZENFELD, S.; VERAS, R. P.; VIANNA, C. M. M. Avaliação da qualidade do uso de medicamentos em idosos. *Revista de Saúde Pública*, v.33, n.5, p.437-44, 1999.

MOORE, N.; LECOINTRE, D.; NOBLET, C.; MABLE, M. Frequency and cost of serious adverse drug reactions in a department of general medicine. *British Journal of Clinical Pharmacology*, v.45, p.301-8, 1998.

MUNIR, N. G.; HOWARD, E. G.; SCOTT, A. W. Adverse Drug Reactions: A Review. *Drug Information Journal*, v.32, p.323-38, 1998.

NCC MERP – NATIONAL COORDINATING COUNCIL FOR MEDICATION ERROR REPORTING AND PREVENTION. What is a medication error?, 1998a.

NCC MERP – NATIONAL COORDINATING COUNCIL FOR MEDICATION ERROR REPORTING AND PREVENTION. Taxonomy of medication errors, 1998b.

NCC MERP – NATIONAL COORDINATING COUN-CIL FOR MEDICATION ERROR REPORTING

AND PREVENTION. Index for categorizing medication errors, 2001.

NOBLAT, A. C. B.; NOBLAT, L. A. C. B.; TOLEDO, L. A. J.; MOURASANTOS, P.; OLIVEIRA, G. O.; TANAJURA, G. M.; SPINOLA, S. U.; ALMEIDA, J. R. M. Prevalência de admissão hospitalar por reação adversa a medicamentos em Salvador (BA). *Revista da Associação Médica Brasileira*, v.57, n.2, p.42-5, 2010.

NUNES, A. M. C. N. CONCEITOS BÁSICOS DE FARMACOVIGILÂNCIA. IN: CASTRO, L. L. C.; PERSANO, S.; CYMROT, R.; SIMÕES, M. J. S. S.; TOLEDO, M. I.; LOPES, L. C. et al. *Fundamentos de farmacoepidemiologia.* São Paulo: AG Gráfica e Editora, 2000, p.117-8.

OATES, J. A. THE SCIENCE OF DRUG THERAPY. IN: BRUTON, L. N.; LAZO, J. S.; PARKER, K. L. (Eds.). *Goodman and Gilman's the pharmacological basis of therapeutics.* 11th ed., New York: Pergamon, 2006, p.117-36.

OLIVER, P.; BERTRAND, L.; TUBERY, M.; LAUQUE, D.; MONTRASTRUC, J. L.; LAPEYRE-MESTRE, M. Hospitalizations because of Adverse Drug Reactions in Elderly Patients Admitted through the Emergency Department: A Prospective Survey. *Drugs Aging*, v.26, n.6, p.475-82, 2009.

OMS. International drug monitoring: the role of the national centers. *WHO Technical Report Series*, n.498. Genebra: WHO, 1972.

OMS. Report on the 12th Expert Committee on the Selection and Use of Essential medicines. *Technical Report Series*, n.914. Geneva: WHO, 2002.

OMS. Perspectivas políticas de la OMS sobre medicamentos. La farmacovigilancia: garantía de seguridad en el uso de los medicamentos. Genebra: WHO, 2004.

OMS. Uppsala Monitoring centre. The use of the WHO--UMC system for standardized case causality assessment. 2009. Disponível em: <http://www.who-umc.org/graphics/4409.pdf>. Acesso em: 18 set. 2009.

OMS. Uppsala Monitoring centre. The use of the WHO-UMC system for standardized case causality assessment. Disponível em: <http://www.who-umc.org/graphics/4409.pdf>. Acesso em: 18 set. 2010.

ONDER, G.; PEDONE, C.; LANDI, F.; CESARI, M.; VEDOVA, C. D.; BERNABEI, R. et al. Adverse drug reactions as cause of hospital admissions: results from the italian group of pharmacoepidemiology in the elderly (GIFA). *Journal of American Geriatrics Society*, v.50, p.1962-8, 2002.

OPAS. Termo de referência para reunião do grupo de trabalho: Interface entre Atenção Farmacêutica e Farmacovigilância. Brasília: Opas, 2002.

OPAS. Departamento de Medicamentos Essenciais e Outros Medicamentos. A importância da Farmacovigilância / Organização Mundial da Saúde – Brasília: Organização Pan-americana da Saúde, 2005a.

OPAS. Monitorização da segurança de medicamentos: diretrizes para criação e funcionamento de um Centro de Farmacovigilância / Organização Mundial da Saúde – Brasília: Organização Pan-americana da Saúde, 2005b.

OPAS. *Prácticas de Farmacovigilancia para las Américas.* Washington, D. C.: OPS, 2011. (Red PARF Documento Técnico 5)

PASSARELLI, M. C. G.; JACOB-FILHO, W.; FIGUEIRAS, A. Adverse Drug Reactions in an Elderly Hospitalized Population: Inappropriate Prescription is a Leading Cause. *Drugs Ageing*, v 9, p.767-77, 2005.

PATEL, H.; BELL, D.; MOLOKHIA, M.; SRISHANMUGANATHAN, J.; PATEL, M.; CAR, J. et al. Trends in hospital admissions for adverse drug reactions in England: analysis of national hospital episode statistics 1998-2005. *BMC Clinical Pharmacology*, v.7, p.9, 2007.

PEDRÓS, C.; VALLANO, A.; CEREZA, G.; MENDONZA--ARAN, G.; AGUSTÍ, A.; AGUILERA, C.; DANÉS, I.; VIDAL, X.; ARNAU, J. M. An intervention to improve spontaneous adverse drug reaction reporting by hospital physicians. A Time Series Analysis in Spain. *Drug Safety*, v.32, p.77-83, 2009.

PFAFFENBACH, G.; CARVALHO, O. M.; BERGSTEN--MENDES, G. Reações adversas a medicamentos como determinantes da internação hospitalar. *Revista da Associação Médica Brasileira*, v.48, p.237-41, 2002.

PIRMOHAMED, M; BRECKENRIDGE, A. M.; KITTERINGHAM, N. R.; PARK, B. K. Adverse Drug Reactions. *British Medical Journal*, v.316, p.1295-8, 1998.

PIRMOHAMED, M.; JAMES, S.; MEAKIN, S.; GREEN, C.; SCOTT. A. K.; WALLEY, T. J. et al. Adverse drug reaction as cause of admission to hospital: prospective analysis of 18820 patients. *British Medical Journal*, v.329, p.15-9, 2004.

PIRMOHAMED, M.; PARK, B. K. Adverse drug reactions: back to the future. *Journal of Clinical Pharmacology*, v.55, p.486-92, 2003.

POURSEYED, S.; FATTAHI, F.; POURPAK, Z.; GHOLAMI, K.; SHARIATPANAHI, S. S.; MOIN, A. et al. Adverse drug reaction in patients in Iranian department of internal medicine. *Pharmacoepidemiology and Drug Safety*, v.18, p.104-7, 2009.

PUGH, M. J.; HANLON, J. T.; ZEBER, J. E.; BIERMAN, A.; CORNELL, J.; BERLOWITZ, D. R. Assessing potentially inappropriate prescribing in the elderly Veterans Affairs population using the HEDIS 2006 quality measure. *Journal of Managed Care Pharmacy*, v.12, p.537-45, 2006.

RAWLINS, M. D.; THOMPSON, J. W. PATHOGENESIS OF ADVERSE DRUG REACTIONS. IN: DAVIES, D. M. (Ed.). *Textbook of Adverse Drug Reactions*. Oxford University Press, 1977, p.10-31.

REASON, J. Human error: models and management. BMJ, n.320, p.768-70, 2000.

RIBEIRO-VAZ, I.; HERDEIRO, M. T.; POLÓNIA, J.; FIGUEIRAS, A. Strategies to increase the sensitivity of pharmacovigilance in Portugal. *Revista de Saúde Pública*, v.45, n.1, p.129-35, 2011.

ROSA ET AL. ERROS DE MEDICAÇÃO. IN: STORPIRTS, S.; MORI, A. L. P. M.; YOCHIY, A.; RIBEIRO, E.; PORTA, V. (Eds.). *Ciências Farmacêuticas:* Farmácia Clínica e Atenção Farmacêutica. Rio de Janeiro: Guanabara Koogan, 2008, p.46-63.

ROSEBRAUGH, C. J.; TSONG, Y.; ZHOU, F.; CHEN, M.; MACKEY, A. C.; FLOWERS, C.; TOYER, D.; FLOCKHART, D. A.; HONING, P. K. Improving the quality of adverse drug reaction reporting by 4th-year medical students. *Pharmacoepidemiol Drug Safety*, v.12, p.97-101, 2003.

ROUTLEDGE, P. 150 years of pharmacovigilance. *Lancet*, v.351, p.1200-1201, 1998.

ROZENFELD, S. Farmacovigilância: elementos para discussão e perspectivas. *Cadernos de Saúde Pública*, v.14, p.237-63, 1998.

SOUZA, N. R.; DIAS, M. F.; FIGUEIREDO, P.; LACERDA, E.; BARRA, J. B.; DA COSTA, J. J. et al. Farmacovigilância e Regulação do Mercado de Medicamentos. II Simpósio Brasileiro de Vigilância Sanitária/I Simpósio Pan-americano de Vigilância Sanitária (Simbravisa). Caldas Novas, 21 a 24 de novembro 2004. Disponível em: <http://portal. anvisa.gov.br/wps/wcm/connect/47f1108041c82ab0b7 00f7255d42da10/poster_nair_ramos_de_souza_ufarm. pdf?MOD=AJPERES> Acesso em: 1 mar. 2011.

STEPHENS, M. D. The diagnosis of adverse medical events associated with drug treatment. *Adverse Drug React Acute Poisoning*, v.6, p.1-35, 1987.

TABALI, M.; JESCHKE, E.; BOCKELBRINK, A.; WITT, C. M.; WILLICH, S. N.; OSTERMANN, T.; MATTHES, H. Educational intervention to improve physician reporting of adverse drug reactions (ADRs) in a primary care setting in complementary and alternative medicine. *BMC Public Health*, v.9, p.274, 2009.

TURNHEIM, K. Drug dosage in the elderly: Is it rational? *Drugs & Aging*, v.13, n.5, p.357-379, 1998.

VALLANO, A.; PEDRÓS, C.; AGUSTÍ, A.; CEREZA, G.; IMMACULADA, D.; AGUILERA, C.; ARNAU, J. M. Educational sessions in pharmacovigilance: What do the doctors think? *BMC Research Notes*, n.3, p.311, 2010.

VAN DER HOOFT, C. S.; STURKENBOOM, M. C. J. M.; GROOTHEEST, K.; KINGMA, H. J.; STRICKER, B. H. Adverse Drug Reaction – Related Hospitalizations. A

Nationwide Study in the Netherlands. *Drug Safety*, v.29, n.2, p.161-8, 2006.

VARALLO, F. R.; LIMA, M. F. R.; GALDURÓZ, J. C. F.; MASTROIANNI, P. C. Adverse Drug Reaction as cause of hospital admission of elderly people: a pilot study. *Latin American Journal of Pharmacy*, v.30, n.2, p.347-53, 2011.

VARALLO, F. R.; MASTROIANNI, P. C. Farmacovigilância. In: ANGRA, M. de F.; LEITE, J. E. R.; BARBOSA, M. R. V.; GOUVEIA, V. V.; SILVA, J. H. V. da; FREIRE, G. H. de; ROSA, R. de S.; Bezerra do Ó, J. M.; SANTOS, C. A. G. (Orgs.). *Um novo olhar sobre a administração de medicamentos*. 1.ed. João Pessoa (PB): Editora UFPB, 2011, p.15-36.

VARALLO, F. R.; PLANETA, C. S.; MASTROIANNI, P. C. Hospitalizações por Reações Adversas a Medicamentos: a importância da farmacovigilância para detecção dos fármacos envolvidos, dos fatores de risco e dos resultados clínicos negativos à saúde do paciente. *Perspectiva*, v.11, p.50-9, 2010a.

VARALLO, F. R.; PLANETA, C. S.; MASTROIANNI, P. C. *Internações hospitalares por Reações Adversas a Medicamentos (RAM) em um hospital de ensino*. Araraquara, 2010b. 83f. Dissertação (Mestrado em Ciências Farmacêuticas) – Faculdade de Ciências Farmacêuticas da Universidade Estadual Paulista "Júlio de Mesquita Filho".

ZOLEZZI, M.; PARSOTAM, N. Adverse drug reaction reporting in New Zealand: implications of pharmacists. *Therapeutics and Clinical Risk Management*, v.1, n.3, p.181-8, 2005.

ZOPF, Y.; RABE, C.; NEUBERT, A.; GABMANN, K. G.; RASCHER, W.; HAHN, E. G. et al. Women encounter ADRs more than men. *European Journal of Clinical Pharmacology*, v.64, n.10, p.999-1004, 2008a.

ZOPF, Y.; RABE, C.; NEUBERT, A.; HAHN, E. G.; DORMANN, H. Risk factors associated with adverse drug reactions following hospital admissions. *Drug Safety*, v.3, p.789-98, 2008b.

SOBRE O LIVRO

Formato: 12 x 21 cm
Mancha: 20,4 x 42,5 paicas
Tipologia: Horley Old Style 10,5/14
Papel: Offset 75 g/m² (miolo)
Cartão Supremo 250 g/m² (capa)
1ª edição: 2013

EQUIPE DE REALIZAÇÃO

Coordenação Geral
Marcos Keith Takahashi

Impressão e Acabamento:

psi7

Printing Solutions & Internet 7 S.A